U0339105

几何天才的杰作

——伊斯兰图案设计

A Genius For Geometry

ISLAMIC
DESIGN

[英] 道尔顿·萨顿

著

贺俊杰　铁红玲

译

湖南科学技术出版社·长沙

THE
BEAUTY
●F
SCIENCE

科学之美

图书在版编目（CIP）数据

几何天才的杰作：伊斯兰图案设计 / （英）道尔顿·萨顿著；
贺俊杰，铁红玲译. — 长沙：湖南科学技术出版社，2024.5（科学之美）
ISBN 978-7-5710-2834-3

Ⅰ. ①几… Ⅱ. ①道… ②贺… ③铁… Ⅲ. ①伊斯兰教－宗教
建筑－图案设计－普及读物 Ⅳ. ①TU-885

中国国家版本馆 CIP 数据核字 (2024) 第 075845 号

JIHE TIANCAI DE JIEZUO YISILAN TU'AN SHEJI

几何天才的杰作　伊斯兰图案设计

著　　者：[英] 道尔顿·萨顿
译　　者：贺俊杰　铁红玲
出 版 人：潘晓山
责任编辑：刘英 李媛
版式设计：王语瑶
出版发行：湖南科学技术出版社
社　　址：长沙市芙蓉中路一段 416 号泊富国际金融中心
网　　址：http://www.hnstp.com
湖南科学技术出版社天猫旗舰店网址：
　　　　　http://hnkjcbs.tmall.com
邮购联系：0731-84375808
印　　刷：湖南省众鑫印务有限公司
　　　　　（印装质量问题请直接与本厂联系）
厂　　址：长沙县榔梨街道梨江大道 20 号
邮　　编：410100
版　　次：2024 年 5 月第 1 版
印　　次：2024 年 5 月第 1 次印刷
开　　本：889mm×1290mm　1/32
印　　张：2.25
字　　数：110 千字
书　　号：ISBN 978-7-5710-2834-3
定　　价：45.00 元
（版权所有·翻印必究）

ISLAMIC
DESIGN

A GENIUS FOR GEOMETRY

Daud Sutton

Walker & Company
New York

First published 2007
© Wooden Books Ltd 2007

Published by Wooden Books Ltd.
Glastonbury, Somerset

British Library Cataloguing in Publication Data
Sutton, D.
Islamic Design

A CIP catalogue record for this book
may be obtained from the British Library

ISBN-10: 1-904263-59-3
ISBN-13: 978-1-904263-59-3

Designed and typeset in Glastonbury, UK.

Printed in China on 100% FSC
approved sustainable papers by FSC
RR Donnelley Asia Printing Solutions Ltd.

WOODEN
BOOKS

奉万仁万慈的真主之名

　　谨以此书献给敬爱的马丁·林斯（Martin Lings）博士，以此表达怀念之情。特别感谢基思·克利奇洛（Keith Critchlow）教授的启蒙和不断的鼓励，感谢保罗·马尚特（Paul Marchant）对我一如既往的支持。还要感谢法力德·古维诺尔（Faarid Gouverneur）的多年指导。

　　同时感谢大卫·阿普索普（David Apthorp）在初稿最艰难的时刻给予的帮助；感谢艾哈迈德·法力斯（Ahmed Fares）提供本页及本书第13页的阿拉伯书法图案，还要感谢开罗的团队成员及我的家人和朋友所给予的支持与帮助。

　　如果您喜欢这本书，在此向您极力推荐由 Thames & Hudson 出版社出版的基思·克利奇洛教授的《伊斯兰设计》（*Islamic Patterns*）及保罗·马尚特的《图案的一致性》、J. 贝高恩的《阿拉伯几何图案与设计》（*Arabic Geometrical Pattern and Design*）、马丁·林斯博士的《壮观的古兰书法和启示》（*Splendours of Qur' an Calligraphy and Illumination*）、基恩马克·卡斯塔的《阿拉伯风格：摩洛哥的装饰艺术》（*Arabesques: Decorative Art in Morocco*）。

目录
CONTENTS

001	前言
002	万象之基 / 萌始于独一
004	六边（角）形的推演 / 更多基础图案
006	变换结构网格 / 架构无限性
008	一张一弛 / 真主的气息
010	八次对称的蔷薇花饰图 / 一些构图原则
012	阿拉伯书法艺术 / 成比例的字母
014	阿拉伯式蔓藤花纹 / 天堂花园
016	六边（角）形大融合
018	十二边（角）形图案 / 四乘三与三乘四
020	更多十二边（角）形图案 / 蔷薇花饰图

022   三次对称排列 / 矩阵式重复构图

024   四次对称排列 / 四边形重复构图

026   八边（角）形 / 北非伊斯兰的光辉

028   切砖艺术 / 八边（角）形的华章

030   自相似性图案 / 在不同尺度上保持一致性

032   弧形图案 / 直线与曲线造就的平衡美

034   十次对称图案之系列一

036   十次对称图案之系列二 / 五角星形

038   十次对称图案之系列三 / 衔接

040   完美的十四 / 先知之数

042   奇特的星状图 / 奇数边角图的杰作

044 构筑和谐统一 / 功不可没的"拧图"术

046 穹隆形几何设计 / 走进立体世界

048 壁龛设计 / 天国的瀑布

050 结语及展望

052 附录

宗教艺术的作用是支撑其信徒的精神生活，灌输一种观察世界的方式并阐释隐藏其后的精妙实在。因此传统的手工艺工匠所面临的挑战是如何利用有形物质进行创造，以更好地体现和展示无形的精神。宏伟的寺庙、教堂和清真寺便是我们为此尝试的产物，至于它们迥异的风格则仅仅是因为各自的宗教视角不同而已。

有着悠久历史的伊斯兰手工艺传统发展出应用于各种媒质的多样风格，而这些不同的风格却统一于诸和谐元素，使得人们瞬间即能辨认出它们的"伊斯兰血统"。无疑，一种探索"真主独一"与多样性之间关系的艺术形式也同时应该是统一而多样的。在此，关乎宏旨的是和谐！

伊斯兰设计的视觉结构有两个重要特征：一是融入了阿拉伯书法艺术——世界上最伟大的书写传统之一；二是采用了繁杂却有统一视觉效果的抽象装饰。这种纯装饰性的艺术围绕着两个主题：一是几何图形，也就是将平面分割成和谐、对称的部分，以产生交织的精巧图案，最终阐释无限性及无所不在的核心思想；二是理想化的植物形状或者阿拉伯式卷须花蔓、枝叶、花蕾与花朵图案，以此来体现有机生命及其循环往复的周期性运动。本书旨在探索伊斯兰几何图案的内在结构及其意义。

万象之基 / 萌始于独一
FIRST THINGS FIRST
UNFOLDING FROM UNITY

　　在平面上设一个点，无空间维度。然后以该点为起点形成一条线段（下图左），再以线段为半径，以定点为圆心画一个圆，这就是最原始最朴素的几何平面图，它完美地体现了伊斯兰教"真主独一"的思想。然后以这个圆的圆周上任意一点为圆心再画一个圆，其圆周穿过第一个圆的圆心，如此反复6次，每次都以新的交点为圆心作圆，最后形成围绕着第一个圆的6个相同的圆。这是《古兰经》中"真主曾在六日内创造了天地万物"思想的最佳体现。如此简单但却美轮美奂的图案可以无限地扩展开去（第003页图），最终形成由正六边形组成的棋盘式图案，完美无缺地铺满整个平面。

　　正六边形六条边的中点构成了两个错叠的三角形（第003页图右上），这就是在伊斯兰世界人人皆知的"所罗门封印"（阿拉伯语里为khātam，亦有"印信"之意）。据说用以召唤魔灵（jinn）帮助自己作战的"所罗门之戒"上就有这样的徽章。在每个六边形内重复这个六角的外轮廓就形成了由六角星和六边形交相映衬的图案。

　　第003页图最终成形的图案是于879年在开罗伊本·图伦清真寺（Ibn Tulun Mosque）里发现的，刻绘在石膏板上。此图案中的线条是以上下交织的丝带形状表现的，而空余部分则用阿拉伯母题（即阿拉伯基本花纹图案）进行了修饰。

六边（角）形的推演 /更多基础图案
SIXES EXTRAPOLATED
SOME MORE BASICS

　　伊斯兰世界运用了多种几何绘图技术，除使用圆规和直尺等基本工具外，还辅之以三角板、型板、网格等实用工具。本书大部分构图示例仅采用以圆规与直尺的作图方法，以此突显图案背后的基础几何结构。

　　基本图案变化多端。第005页图所示的构图就是在第003页图中六角星和六边形图案的基础上所作的两类变化。六边形结构网格各边的中点即图案各边的交点，而六角星则分别向外膨胀或向内收缩。虽然两类变化方式都会产生3种对称的六边形，但两种图案的整体效果却迥然不同。

　　下图是基本图案如何外推成较复杂图案的另一个示例。以六角星和六边形图案开始（图左），将其中一些六角星的4个顶点抹除，形成了菱形（图中）再将小六边形移除，最终形成的图案既可看成各自独立的多边形，也可视为相互交叠的大六边形（图右）。

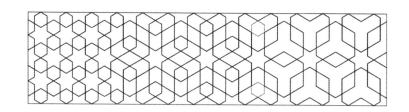

先在一中心圆上作六个圆，然后在外围再作 6 个圆。

将所示各点连线，同样的六角星图案（阴影部分）包住了中心圆。

这是形成基本的六边形六角星图样的框架结构。

此框架结构的顶点保持不变，可形成另一图样（在下图中作为重复图案）。

将所示点连线，确定了一个更小的同心圆。

这样确定的顶点能绘出另一图样（在下图中作为重复图案）。

变换结构网格 / 架构无限性
TRANSFORMING A SUBGRID
AND FRAMING THE INFINITE

第 007 页图的构图也确定了由等边三角形、正方形和正六边形形成的半规则平铺图案（左上图）。如将此图案重复（右上图），可以看出形成的大图案本身就是六边形的平铺（虚线所示）。

六边形各边向中心内缩，正方形内缩面积与外扩的面积相等，而三角形也就相应膨胀。当三角形变成第 007 页图的三次对称六边形时，一个漂亮的正十二边形图案便形成了（左中图）。如此继续变化，当三角形演变为正六边形时，另一个常见的图案也就应运而生了（右中图）。

不难想象，图案的重复可以无限进行下去。不过在实际应用中却不会这样做，伊斯兰图案通常会被裁成矩形，并以主要图案的中心作为矩形的四角——通常是一个星形（下排）。这样处理不仅保持了优美的几何形状，同时也清晰地表明这种图案边缘可以无限地延伸下去——这是阐释"无限"的绝佳方式，根本不用刻意在图上生硬地表达这一难以具体表述的概念。

如此处理通常也能产生一个中心图案，而且能保证矩形内基本图案的数目为奇数——奇数在伊斯兰传统观念中表示"真主独一"，穆斯林以此取悦真主，并恳请得到真主的护佑。

一张一弛 / 真主的气息
GIVE AND TAKE
THE BREATH OF THE COMPASSIONATE

　　以水平直线上某点为圆心画一圆，再以圆和直线相交处为圆心画两道弧线，弧线与该圆相切，连接两弧线相交的点即可确定一条垂直的直线（下图所示）。如法炮制，再以新的交点为圆心画另外两条与圆相切的弧线，这就确定了两条相交的对角线，对角线上可作出 4 个与最初的圆大小一致，并与对角线相切的圆。再在水平直线和垂直直线上分别作两个圆，这样就形成了 8 个圆围绕一个中心圆的布局。与第 003 页图的图案类似，这个圆的布局可以无限延伸，最终形成一个棋盘图案，不过这次表现的主题是正方形（第 009 页图）。

　　一个平置的正方形与一个斜置的正方形组合起来就形成八角星形（第 009 页图右上）。由于传说上的差异，这两个正方形组合与此前的双三角形组合都被认为是"所罗门封印"，同时也是一大系列图案的始源。如第 009 页所示，将方形内的正方形反复延伸就形成了星形和十字形组合的图案。

　　这个图案还可视为斜置正方形的平铺，其中一半的正方形各边外凸，而另一半的正方形各边内凹。正因为如此，该图案近来也被称作"真主的气息"。此名是由布道大师伊本·阿尔布拉（Ibn al-'Arabi）的讲道而取的。他阐释了真主的气息是造物的基础，因为他在呼吸之间释放出了火、风、水和土四种元素。

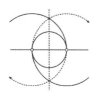 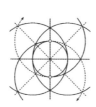 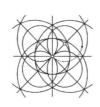 

八次对称的蔷薇花饰图 / 一些构图原则
EIGHT-FOLD ROSETTES
AND SOME CONSTRUCTION PRINCIPLES

　　蔷薇花饰被广泛使用在伊斯兰几何图案中，它由多个花瓣环绕着一个星形构成，就像一枚典型的水晶花。此外，还可看成是一个网状的星形母题，让人误以为花瓣部分是虚空的。下面介绍的是在木板上制作的一种八次对称的蔷薇花饰图案。

　　这里介绍两种作图方法：下图的做法是在正方网格上进行的，构图方法简单。大的正八边形是由对角线和外圆确定的。随后花瓣将八边形分割成蔷薇花饰的几何图案，其中花瓣宽度为最外围待重复的正方形边长的四分之一。第 011 页图介绍的是另一种作图方法，它能确保八角星的 8 个顶角都在同一个圆上，其中半数分布在正方形的一边，半数在另一边。如此一来，六边形花瓣的 4 条短边长度相等，这反映了木工应用几何方法的精妙之处。

　　第011页图上其他图案展示了调整基本蔷薇花饰形状的若干方法，进而形成新的造型。重复的部分并不局限于正方形，也可以是比例恰当的长方形。

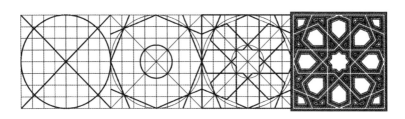

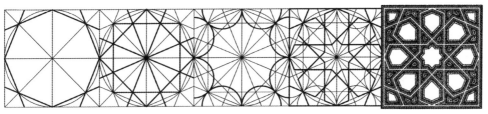

在分成 4 份的正方形内画一个圆，并给出两条对角线，便可勾勒出一个八角形。

在正方形中增加一个双方形八角图案，可以作出 16 等份的辐状切分。

如图作弧线，弧线的中心为辐线与外正方形的交点。

弧线与辐线的交点可确定蔷薇花瓣和中央的星形。

如此的整个图样可以木工格出现。

长宽之比为 $\sqrt{2}:1$ 的长方形变化。

将图样旋转 1/16 个圆周，并置入一个更大的方形。

运用花瓣和小八角形的巧妙变化。

由小八角形与八次对称的蔷薇花饰和谐交互构成的大幅图样。

左图的纵向中心带平铺成重复图样，此图给出两个重复图例。

阿拉伯书法艺术／成比例的字母
CALLIGRAPHY
THE PROPORTIONED ALPHABET

　　《古兰经》的字面意思是"背诵"，这是因为最初这部神圣的经书是通过背诵传承下来的。但是不久，人们便觉得有必要用文字记录下《古兰经》的内容，因此书法就得到了历代抄写者的重视。为了能创造一种最适合篆刻抄写《古兰经》的书写体，穆斯林一直都在进行不懈的探索。

　　最早版本的《古兰经》字体是以伊拉克的库法镇命名的，穆斯林称之为库法体或是库菲克体（Kufic）（约9世纪）。库法体主要是横向书写（下图），那雄劲的书写意在传达庄严与朴素。许多装饰字体都是从库法体演变而来的（见第058页），经过岁月的洗礼，现在仍在使用。

　　当今最著名的阿拉伯书写体是草体，这种流畅隽秀的字体起源于伊本·穆格莱（Ibn Muqla）创造的颇富灵感的比例体（逝于940年）。在此之前，同庄严的库法体相比，阿拉伯草体略为低调。草体书法背后仍然隐含着基本的几何概念——每个字母都以圆、半径和称为"中基点（nuqta）"的点画（芦苇笔点出的菱形点）为参照，同时比例恰当。阿拉伯语中第一个也是最重要的字母是"alif"，用草体书写时就是圆内优美的一条竖线。不同的比例体中，"alif"长度是点画的不同倍数，分别有6~8倍的不同比例。

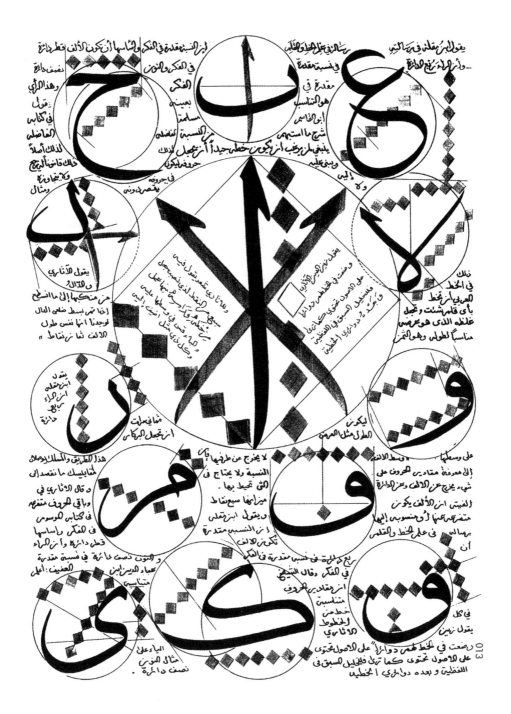

阿拉伯式蔓藤花纹 / 天堂花园
ARABESQUE
THE GARDENS OF PARADISE

　　蔓藤花纹是几何图案的补充，波斯语称之为"islimi"。它不是以自然主义的方式临摹真实植物，而是以直观的方式精炼出了植物生长的节奏要旨，再现了"天堂花园"的初始形态。第 015 页图示例的各类蔓藤花纹反映了不同时代、不同地域的伊斯兰设计风格。

　　螺旋形是阿拉伯图案设计中一种被广泛采用的基础图案，它象征生命及其周期性的发展过程，体现了穆斯林对造物过程中扩展与收敛的螺旋式历程的阐释，因此作为许多蔓藤花纹的基础图案出现在伊斯兰母题设计中。下图所示的这些图案屡见于彩饰《古兰经》的篇章之后、装饰带及标题栏之中。其藤蔓尾随字母，用枝蔓上的花和叶填充文字以外的空间。

　　世界各地的文化都将螺旋形与太阳及其周期性联系在一起。太阳从冬至起获得重生，运行轨迹在天空渐渐形成环状，越旋越大，经过春分到达夏至，这时白昼最长，是它运行周期中停留天空时间最长的时刻。然后随着冬至的到来，它又慢慢地收缩回去，像生命在这里告一段落。

9 世纪的蔓藤纹图案——发现于突尼斯的凯鲁万大清真寺（Kairouan）的大理石浮雕。

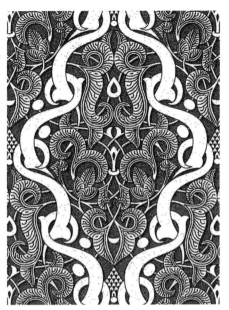

循环出现的蔓藤纹是典型的马格里布风格——雕刻于阿尔罕布拉宫（Alhambra）的石膏板。

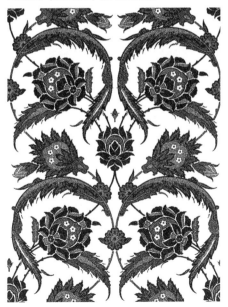

土耳其的蔓藤纹，伊兹尼克釉下瓷砖，涂以深蓝色、青绿色、绿色和红色。

开罗高度几何化的蔓藤纹设计——基于第 036 页图案的网格结构。

六边（角）形大融合
SIX OF ONE
HALF A DOZEN OF THE OTHER

在星形和六边形图案（下图左）的基础上，首先将每个星形旋转30°（下图中），再将六角星的边线延长，产生一个个小三角形，最终形成由十二角星组成的基本图案（下图右半部分）。

第017页图展示的是一个基于正十二边形、正六边形和正方形的半规则形式平铺生成图案的过程。星形图案置于结构网格内，各角同各边的中点呈60°。与下图所示一致，十二角星是由两个六角星交叠而成。

从第017页图案中可以看出，伊斯兰设计中星形图案的各角上经常表现为上下相叠的两个线段，这是一种常用的表现方式。"几何图案"在波斯语中被非常贴切地称作是"girih"，字面意思就是"结"，不禁让人联想到编织以及结和辫状带的辟邪作用。如第017页图所示，用辫状带相互交错叠成的图案不会镜像对称，对折后各角上的辫状带是上下错位的。

世界上各种不同的宗教传统在这点上认识是相同的：有形世界的背后存在一种觉察不到的、微妙的、意义深远的秩序。同样，第017页图上的结构网格以及暗含的圆都隐藏在最终的图案中，因为有图案的装饰而若隐若现，人们只有透过图案的外表深入内里才能感觉它们的存在。

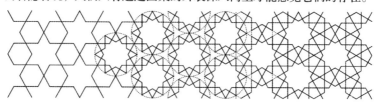

十二边（角）形图案 /四乘三与三乘四
THREE TIMES FOUR
AND FOUR TIMES THREE

数字 12 在伊斯兰世界有着很多的联想意义。同时 12 是第一个盈数（除去它本身以外的所有正约数之和大于它本身的数），因为，1+2+3+4+6=16。这些正约数也都全部出现在六边形或正方形组合图案中，使 12 次对称母题成为构图中十分有用的手段。

第 019 页图展示了下图介绍的图案系列。首行图案说明了正十二边形和三角形如何通过半规则形式平铺生成十二角星图案的基本类型。成形后的图案又可看作是由大六边形和相互交织的"之"字形状构成的。

在正方形重复的结构网格上，将十二边形一个接一个排列就形成了第 019 页图上第二行的结构网格。基于此结构网格而形成的星形图案可以看成是由交叠的正八边形和网状格构成的。

将 4 个三角形环绕在由第二行结构网格形成的正方形周围，再用这类网格把三角形环绕的十二边形隔开就形成了第 019 页图上第三行图案的结构网格，余下的部分会形成如第 005 页所示的三次对称六边形（下图中第四个图形）。

第 019 页图第三行的结构网格还可以继续衍生出第四行的结构网格，排列在正方形重复的网格里，再添上相应的星形就形成了相当别致的图案。请注意，在第三个图案和第四个图案中，十二角星与十二边形之间的图案是一样的。

  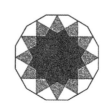

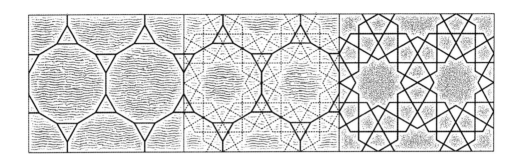

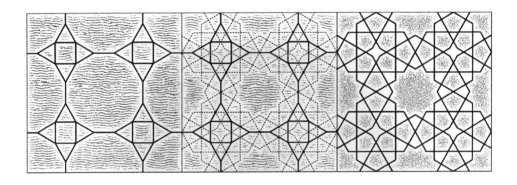

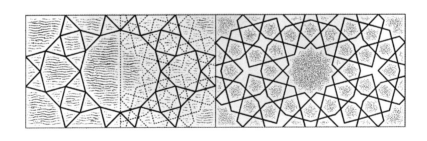

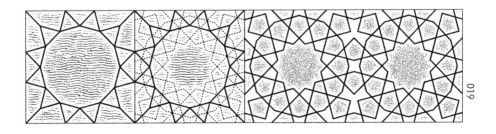

更多十二边（角）形图案 /蔷薇花饰图
FURTHER TWELVES
AND SOME ROSETTE CONSTRUCTIONS

　　由正方形和以十二次对称母题生成的六边形组合图案交相辉映的图案模式并不止前面所述的那几种。第 021 页图的图案取自大马士革（Damascus）基督教教区的一块门板上，旁边是保罗·马尚特（Paul Marchant）在它基础上所做的变化。它们的底层结构如下图所示：3 个错位叠置的正方形构成一个十二角星形，而这些星形图案分别置于正方形网格之上（左图）和长方形网格之上（右图）。虚线部分则是以上示例的部分。专业几何学家发现正方形的角点（第 021 页图中标为黑点）形成的线段确定了构成完整图案所需的其他点（白点所示）。同时直线也在延伸，最后在蔷薇花饰中心部位确定了星形所占的比例。

　　相同花样的蔷薇花饰比例可以在整个图形样式不变的情况下单独设置，如第 021 页图中行的另外两个构图。所有 3 种构图都是把 2 个六边形置于一个画了径向线的正十二边形内，黑点标明构图之初的关键点，灰点部分是所需的中界点，而白点则确定了星形的最终比例。

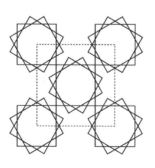
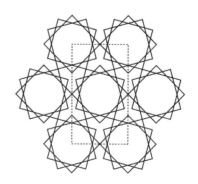

来自大马士革的源图案，上图是方形重复图案。右
图为三角形重复图案。

上图中蔷薇花饰，与其
外结构相称。

此图的蔷薇花饰中各
花瓣的4条短边长度相等。

花瓣更窄，且增加了同
心星形。

以上3个蔷薇花饰加上第四个变体图案一起被裱在正方形框内，挂在阿尔罕布拉宫。

三次对称排列 / 矩阵式重复构图
THREE-FOLD PERMUTATIONS
MULTIPLES FROM THE MATRIX

　　至此，所讨论的大多数图案都是在正六边形或正方形网格上重复构造形成的。下面将系统探讨六边形网格：将六边形的中心点连线就形成了等边三角形的平铺网格。这两种网格彼此互补。也就是说，任何一个由正六边形重复形成的图案，也可以由等边三角形重复形成。

　　下图中用来确定整个重复的六边形图案的最小形状是呈浅灰色或白色的三角形。这些三角形的各边之比为 $1:\sqrt{3}:2$（$\sqrt{3}$ 约为 1.732），这种结构有时也称为"$\sqrt{3}$ 系统"。通过旋转、反射或平移（滑动），这些三角形就能生成整个图案。一些传统的方法就是通过使用预制的三角形模板进行对称位移来完成这些图案。

　　3 个六边形相接处呈 3 次旋转对称，6 个三角形相接处呈 6 次旋转对称（第 023 页左上图）。这些不同的节点通过排列就决定了图案关键点上所表现的数，说明了图样同一部分的不同表现与结构网格的关系。

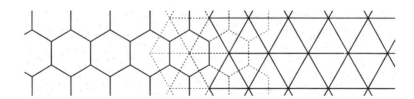

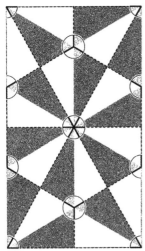

　　长宽之比为 1：√3 的矩形，内有一个六边形和 4 个 1/4 六边形，或是两个三角形和 4 个 1/4 六边形，或是两个三角形和 4 个 1/2 三角形。

　　用宽带子构图的土耳其塞尔柱设计风格，所表现的数字主题是 3 和 6。图案中心点上是三角形和六角星形。

　　饰以三次对称六边形的十二次对称蔷薇花饰，图中所有的花瓣（花中的与花间的）形状都完全相同。

　　此图案为马格里布（或西部伊斯兰世界）风格，是在第 017 页的半规则平铺网格的基础上构成的，图中心是十二角形和六边形。

　　复杂的马穆鲁克（Mamluk）图案，在三次对称的中心点上是九角星形（3×3），其他点上是六角星形。

　　由 15（5×3）和 12（2×6）构成的图案组合；由 9 和 12 构成的组合。

四次对称排列 /四边形重复构图
FOUR-FOLD PERMUTATIONS
QUADRUPLES IN QUADRANGLES

　　将平铺的各四边形的中心点彼此连线，就形成了另一个正方形平铺图案——正方形网格和它自己成对偶。形成整个正方形重复图样最小的形状就是下图中呈浅灰色或白色的三角形。这些三角形各边之比为 $1:1:\sqrt{2}$（$\sqrt{2}$约为 1.414），因此这样的结构有时也称为"$\sqrt{2}$ 系统"。与六边形系统一样，通过旋转、反射或平移（滑动），这样一个最小的三角形形状就能生成整个图案。

　　将两个最小的三角形长边对长边平铺便可拼出一个正方形。由于图样中正方形众多，所以有时难以区分对偶的两种网格以及正方形重复图案内的最小三角形形状。另外，图案内与重复图案相关的各种形状的尺寸大小差别很大。不过只要经过少许的练习，便可以轻松地识别出这种图案的结构。

　　在正方形组合图样中，4 个正方形的连接点上形成了旋转对称的四角叉，而因为可以看成是两种方形网格，所以也就会有不同的交叉组合。第 025 页图说明了这些节点如何通过排列形成图案，每个示例说明了图样相同部分的表现方式与其结构网格的关系。

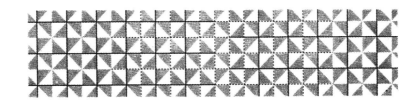

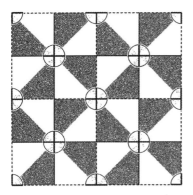

对偶的正方形网格，一个为虚线外框，另一个为实线外框，中心点为四次对称。

由 8（2×4）和 4 构成的组合，与第 011 页中的图案相似。

由 8 和 4 组成的另一优美图案，中心点上是 6。

基本图案的方形重复，图案中是 12 与 4 的组合。

12 与 8 的组合，花瓣与第 023 页右上图的形状一致。

中心点分别为 16 与 4，中间穿插了 8。

八边（角）形 / 北非伊斯兰的光辉
PIECES OF EIGHT
BARBARY BRILLIANCE

　　几个世纪以来，地处伊斯兰世界西部的马格里布工匠们探索出了基于正方形组合图之上的一种奇妙的构图语言，其中尤以八次对称的印信（khātam）图案著名。下图的图案叫"真主的气息"（Breath of the Compassionate），是由八边形和正方形组合的半规则平铺图案展开后形成的。将印信（khātam）图案内的八角星形每隔两个角的两角连接起来就构成了由这组形状组成的简单图样。

　　第027页图的图案是通过应用简单的几何关系相互组合的方法，将一个正方形网格衍生为一系列迥然不同的正方形组合图样，正中的图板里列出的是用来组合成其他图案的图形。如今，摩洛哥人把这些图形加工后应用于色彩丰富的脆性瓷片，设计出有着不计其数解法的拼图游戏。

　　第027页图案中央图板上左列的第三个形状被称作"šaft"图形，它是两次对称的六边形。"šaft"图形是这个系列中极为重要的图形。在下页即将介绍的更为复杂的"Zillīj"图案生成过程中，"šaft"图形起到了非常重要的作用。

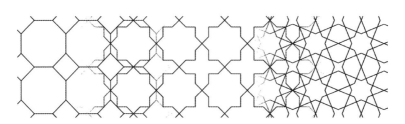

切砖艺术 /八边（角）形的华章
ZILLĪJ DESIGN
EIGHT-FOLD EXTRAVAGANZAS

　　马格里布的切砖艺术就是人们所熟知的"Zillīj"。中世纪时期，切砖的釉色为数不多，仅有黑色、白色、深绿色、青绿色、蓝色、暖黄赭色，而今更多颜色都得以应用。

　　用"Zillīj"图形可以设计出巨幅的作品。将印信（khātam）图形与"šaft"图形依次叠放，就形成了分割着色区域的框架结构（第 029 页图上黑色的图块）。在这些区域内环状部分着上不同颜色，形成的图案远看十分悦目，但具体的几何细节却隐而不见；而近观时，单个图形实际非常清晰。值得注意的是，相同的形状在图案中不同部位出现时给人的感觉是完全不一样的。

　　第 029 页图案中应用的蔷薇花饰分别有 24 个和 16 个花瓣，这要求各片花饰需通过 8 次对称几何形状进行拼接。或许是因为其几何造型的需要，这些饰片实际并不对称，但它们组合起来却异常地协调悦目。

　　"Zillīj"图案也可以在一张画有正方形格子的纸上成形（下图），在最终用切砖拼合以前先画出形状的示意图。方法如下：将正方形对角线与边之间的 √2 比例用相应的图形替换为 3/2（1.5）或 7/5（1.4）。

029

自相似性图案 / 在不同尺度上保持一致性
SELF-SIMILARITY
THE SAME AT DIFFERENT SCALES

  数学家用"分形"（fractal）这个词来指代自相似性的物体，也就是同样的形状和图样在以不同的规格重复。分形是通过类似图形的不断再现体现了它的无限性，而不是通过重复图案的拼接进行延续。分形的概念在伊斯兰众多的设计领域中都得以广泛的应用。

  第 031 页图的图案是在塞维尔（Seville）阿尔卡扎城堡（Alcazar）发现的。白色条形交织构成的网状图案中包含了我们熟知的"Zillīj"图形。这些"Zillīj"图形色彩丰富，有蓝色、绿色、青绿色以及黑色。特别需要指出的是，这些图形组合又形成了其自身的放大版本并以黑色勾勒。此图案也包含着第三层次的自相似性，而且不易察觉——交叉条纹比例恰当，其本身就基于更小的"Zillīj"图形（第 031 页下图）。该图案的设计者似乎也意识到了这样层层细分可以达到无穷性的效果。

  类似这样的自相似图案不仅仅局限于 8 次对称的"Zillīj"图形。由 10 次对称图案派生的系列图形也极适合创作此类作品（见第 034 至第 037 页）。自相似性在蔓藤图饰中也经常被应用，其中叶子的造型由相互连接的更小的叶子和藤蔓组成（下图）。

弧形图案 / 直线与曲线造就的平衡美
ARCING PATTERNS
THE BALANCE OF LINE AND CURVE

　　并不是所有的伊斯兰图案设计都将圆形隐而不现。在成品图案中结合弧形和直线的几何设计从一开始就是艺术形式的特征之一。通常在艺术著作、金属制品和石雕中可以看到曲线形状。因为在这些媒质上，弧形比较容易实现。而弧形图案具有一种独特的更为柔和的吸引力，有时甚至会让人觉得一些图案中渗入了阿拉伯蔓藤花纹。

　　下图是大马士革伍麦叶清真寺(Umayyad mosque of Damascus) 中的一块石雕窗花。带状的直线条构成了半规则平铺的正六边形和等边三角形。交织其上的是圆形图案，它们的圆心是三角形的顶点，半径为三角形边长的 2/3。

　　第 033 页的图案是在赠予基思·克里奇洛（Keith Critchlow）教授的一幅图案的基础上进行设计的。图中用来填充的阿拉伯母题属于马穆鲁克王朝（Mamluk）时《古兰经》里阿拉伯图饰的风格。这两幅图案是运用网格方法的佳例，网格方法在伊斯兰后期设计作品中表现得更为隐蔽，而在早先的设计中却相对显而易见。

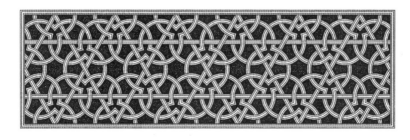

033

十次对称图案之系列一
TEN-FOLD TILING
A FAMILY OF FORMS

  与三角形、正方形以及六边形不同的是，正五边形平铺时图形之间总会留下间隙。在伊斯兰几何图案设计艺术的发展过程中，工匠们无法回避这一挑战性的问题，便钻研其解决途径，最终发现可以运用五次对称或十次对称图形进行设计的巧妙方法。

  下图的设计由重复的正十边形组成的结构网格出发，这些正十边形边边相挨平铺，中间留下的空隙便形成了奇妙的蝴蝶结状的六角形。将十边形各边的中点作为顶点就绘出了十角星形，同时在十边形的顶点之间形成了五边形。然后将星形的各边线延伸至十边形之间的空隙，就完成了整个图案。在波斯语里此图案被称为"乌姆·艾尔格瑞"（Umm al–Girih，意为"图形之母"），组成它的各种形状是整个图形系列中的第一代（详见第054页）。

  第035页的图案是用伊朗构图法构造的，径向线（虚线表示）的夹角为18°，它们与附加线（实线）的交点确定了一些同心圆。这些圆与径向线相交形成了网状图中精美的顶点。第035页图案中的阿拉伯母题属于马穆鲁克王朝时《古兰经》中的风格。

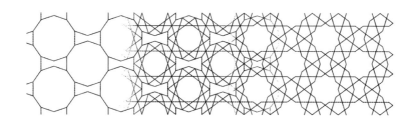

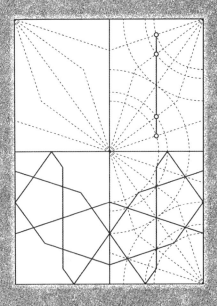

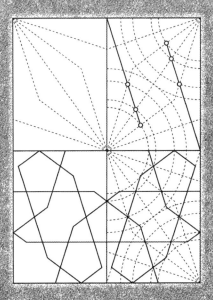

十次对称图案之系列二 / 五角星形
PENTAGRAMMATON
A SECOND TEN-FOLD FAMILY

　　将乌姆·艾尔格瑞（Umm al – Girih）图案中包括在两个大十角星交叠部分的正五边形替换为五角星，就产生了又一个十次对称图形的基础图案。与乌姆·艾尔格瑞图案一样，组成该图案的基本形状同属整个系列中的第一代，其中部分形状展示在第 037 页的图案中。

　　这两种十次对称图形集都可以用来生成无数种不同的图案。例如：伊斯坦布尔的奥斯曼大清真寺（Ottoman mosques）里的木制百叶窗上就使用了大量的十次对称图案设计。而且在其他一些建筑也出现过，但图案似乎并未重复。第 037 页展示的两类设计取自索库卢·穆罕默德·帕夏清真寺（Sokullu Mehmet Pasha），其中一个涉及诠释了图案中块状的数量所暗含的象征意义。

　　五次对称和十次对称的几何图案体现了优雅的黄金分割：一条线段上某点将整个线段分为两部分，其中较短部分与较长部分之比等于较长部分与整个线段长度之比（约 0.618）。下图中各角之间或各交点之间的线段长度与其相邻的线段长度之比刚好形成黄金分割之比。

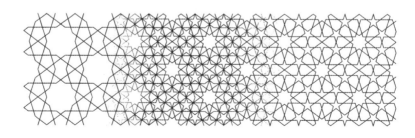

　　每一个阿拉伯字母都有其数值意义，这样的数字系统被称为"abjad"（辅音因素文字）。在采用印度十进制以前，阿拉伯人使用该系统来书写数字。不过现在这个系统仅具有象征意义。右上方的图案就是由 165 个块状组成，其"abjad"总和的象征意义是："la ilaha ilia Allah（万物非主，唯有真主）"——伊斯兰教信仰的精髓。该书的卷首呈现的图案就是用真主安拉 99 个尊名所对应"abjad"数字的形状块状绘制而成的。

十次对称图案之系列三 /衔接
DECIMAL CONNECTIONS
BETWEEN THE TWO FAMILIES

前面的基本十次对称图样还可以由正十边形、五边形和基于五边形的六边形所构成的结构网格生成（下图左）。在这样的结构网格中置入五边形和五角星形就形成了下图右的两种图形。

依此法生成这两种图形，我们可以调整结构网格边线中点上夹角的角度，从而产生不同的花样效果。乌姆·艾尔格瑞图案中这些定点上的角度是108°，其他基本十次对称图形上定点的角度是36°。第039页左上图中心的奇特花形顶点的夹角是90°。而72°的夹角设计能衔接两个十次对称形状系列的图案，在这样的图案中两种系列能和谐共存（第039页右上图）。最后54°夹角所生成的图案的瓣形尤为特别，它们所围绕的中心花形与第039页左上图中的中心花形完全相同。

第039页图采用了第二种变体（虚线所示），中心花形采用了第020页中的蔷薇花饰。这说明了这些不同的十次对称图形语言之间是多么的和谐完美。

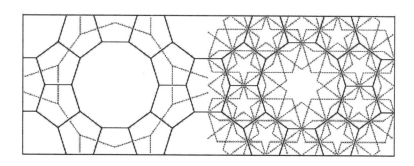

完美的十四 / 先知之数
PERFECT FOURTEEN
NUMBER OF THE PROPHET

　　下图所示的图样以十四瓣蔷薇花饰为基础，其构图中花瓣与中心星形的设置关系与第 037 页图样中花瓣与中心十字星间的设置关系相同。然而，七边形与十四角星形间的比例要比五边形与十角星形之间表现出来的仅有的黄金分割比例要复杂得多。因此，它们能轻松地组合起来，却无法彼此同步。十四次对称图形设计难度比较大，因而此类设计也相对稀少。下图给出的是两种基本构图。相比之下，第 041 页的图案要复杂得多，这幅图是在开罗的马穆鲁克·苏丹·凯特贝城堡（Mamluk Sultan Qaytbay）中一个陵墓（逝于 1496 年）的木板上发现的。

　　在伊斯兰历法中，月牙初现之夜是新的月份的开始。如此一来，月中第十四天夜晚的月亮就是满月，也就是月球被太阳照亮的一半几乎全部对着地球（满月也可能出现在每月的第 13 天或第 15 天）。因此，被认为是"圣光之镜"的先知穆罕默德也与满月和数字十四结下了不解之缘。

奇特的星状图 / 奇数边角图的杰作
SINGULAR STELLATIONS
WORKING WITH ODD NUMBERS

　　在十次对称和十四次对称图案中，除了"三""五"或"七"倍边数等几个特例外，奇数，特别是素数在构图过程中是比较难处理的。

　　运用奇数构图的一种常用技术就是将奇数边母题沿着正方形或长方形的边进行摆放，一边与一个方形叠接，另一边则与另一个方形叠接。这样正方形或矩形剖面所有的边上都会重复出现奇数图案。第043页的图案便是使用这种技术的简单示例——由七角星形构成了一幅看似要婆娑起舞的优雅图案。

　　第043页的精美图案是基于杰伊·邦纳（Jay Bonner）的风格所设计出的图案，它采用波斯切砖中九角星形和十一角星形的风格。它的网格结构使用了十一边形和九边形（第043页左下图）。这一结构可以看作是由镜像的长方形组成（第043页图虚线所示），也可看作是连接6个十一边形的中心点所形成的具有拉伸效果的六边形的重复（第043页中下图阴影所示）。具有类似拉伸效果的六边形也可以由连接6个九边形的中心点的线段构成。360°转体的"九"分之二（也就是80°），加上360°转体的"十一"分之三（大约等于98.2°），结果相加十分接近180°。这就形成了两个九边形和两个十一边形的菱形排列（第043页右下图中阴影部分），九次对称图形和十一次对称图形的对称性被巧妙地糅到了一起。

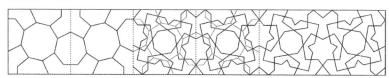

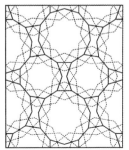
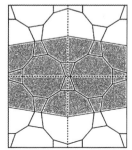

构筑和谐统一 /功不可没的"拧图"术
MAKING THINGS FIT
TWEAKING TOWARDS UNIFICATION

第 043 页中使用的"拧图"（tweaking）技术并不仅限于奇数图形，一些非常优美的图案也整合了许多不同边数的图形。第 045 页的两个图案就是这类风格的典范（附其网格结构）。下图展示的是由十二次对称、八次对称和近似五次对称图形构成的更为简单的图案。

这些图案旨在和谐统一地重新组合这些不同边数的图形，而和谐感不仅仅停留在视觉上的相似性。与前面采用九次对称和十一次对称的星形图案一样，这里的构图基于的数学事实就是：某些分数和接近但不等于另外一些分数之和。与此类似的是，一个学习和声的学生在组织音阶时面临的首要问题就是一个纯泛音波长的 1/2，1/3，1/4，1/5 等分音的倍数和幂之间的些许出入。例如，6 个纯全音 $(8/9)^6$（约为 0.493）就比八度音（1/2）稍微少一点。

下图中的风筝状图形弥合了星形之间的空隙，且在它们的结合部分形成了一些小的四边形。风筝状图形在数字组合图案和只有一个主要图形的对称图案中经常使用，这是其中的一个范例。

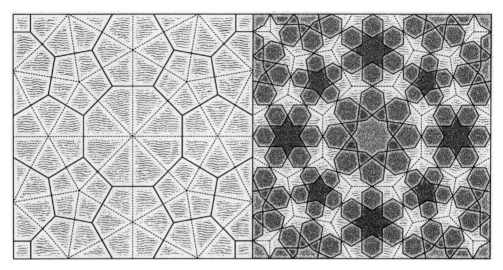

正八边形与正六边形组合构成框架，中间置入近似五角形和七角形，余下的空间是四边形。上图在一个图样中组合了 4、5、6、7 和 8。该构图中重要的分数近似（fractional approximations）是 1/5+1/6+1/8=1/2（连接五角星、六角星和八角星中心的三角形），和 1/5+1/6+1/7=1/2（连接五角星、六角星和七角星中心的三角形）。

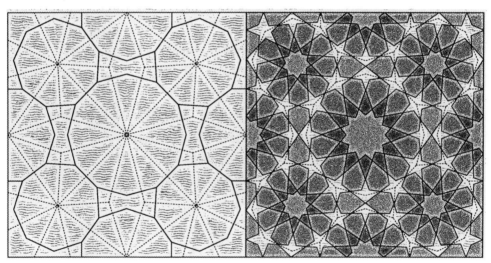

正十二边形、正十边形与正九边形组合生成蔷薇花饰，该图案组合了 9、10 和 12。该构图中重要的分数近似（fractional approximations）是 2/9+3/20+3/24=1/2。

穹隆形几何设计 /走进立体世界
DOME GEOMETRY
THE THIRD DIMENSION

　　伊斯兰建筑以其穹隆式圆顶建筑而著称于世，许多建筑大师更乐意向人们展现不加丝毫渲染的穹隆式设计，因为穹隆式圆顶本身的设计技术和它们端庄秀美的样式足以表达设计的内涵。不过有时也配上几何图案以达到装饰效果，例如举世闻名的马穆鲁克王朝（Mamluk）的纪念碑和萨非王朝（Safavid Iran）的纪念碑上就用了几何图案。第 047 页的圆顶图案取自开罗的苏丹凯特贝陵墓（Sultan Qaytbay）。

　　在穹隆式圆顶上装饰几何图案的基本方法就是重复运用橘瓣形的小块形状。然后配上星形图以及一些其他用来衔接的图形，它们需要做一些变形以适应由底到顶不断收窄的平面（见第 047 页左上图）。许多穹顶在接近顶部的地方再运用花瓣或风筝的形状，这样，从正上方俯视时顶部就像一株盛开的花朵（见第 047 页右上图）。

　　与在球面上进行规则与半规则平铺真正等价的是对柏拉图与阿基米德球体的切分。目前没有明确的资料显示伊斯兰世界的工匠们使用了这种别致的球面平铺，这似乎是伊斯兰设计中尚未开发的领域。下图这个图案是基于克雷格·卡普兰（Craig Kaplan）设计的由正方体和正八面体组成的球形图案。

壁龛设计 /天国的瀑布
MUQARNAS
CELESTIAL CASCADES

　　在正方形或长方形建筑的顶部进行穹隆设计需要一种过渡手法来解决衔接问题。针对此问题，伊斯兰建筑设计中的解决之法随之应运而生，这就是muqarmas，中文译作"壁龛"（或"穆垮纳"）。壁龛从水平结构上看层层叠置，每层都由不同的平面或曲面相连组成，富有高贵典雅之意，象征着天堂的灵光如瀑布般泻下，在地球上汇集成晶莹透亮的晶状物。内殿（mihrāb）即清真寺院面向圣地麦加的那道墙内的壁龛也使用了这种设计。

　　壁龛有多种功能，有的是为了满足建筑上结构的需要，如在埃及、叙利亚或土耳其，人们主要是用它承接石雕的重力。有的则是纯粹的装饰需要，如在伊朗的砖砌建筑和马格里布的木制或石膏建筑上，壁龛用于瓷砖贴饰的结构，以体现空间感。

　　壁龛的设计因时代的变迁和地域的不同而风格迥异。在马格里布，基于八次对称几何的模组设计在家装中得到完美运用（下图）。但是伊斯兰世界的东部却围绕中心柱以同心层次运用壁龛设计：有的是在每层都设计为不同形状的星形；有的是在曲形的间隔中使用钟乳石形状的图案（第049页图）；还有一些是在各层之间着重突出三角形、菱柱状的设计。

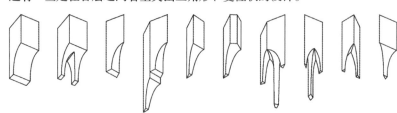

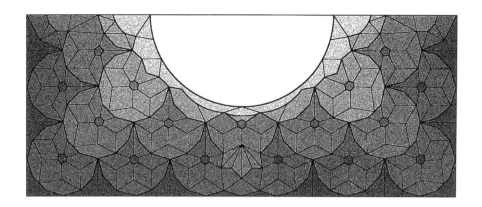

结语及展望
CLOSING THOUGHTS
AND FURTHER POSSIBILITIES

　　传统的伊斯兰装饰具有非同寻常的功能，但这些功能没有丝毫的功利性。它通过重建原始自然之美来寻求补偿文明进化中的精神损失，它把沉浸在世俗世界的观者带入平静的沉思中。伊斯兰图案设计可以被看作是一种视觉音乐，通过母题的反复运用及其节奏表达了内在的平衡感，就像神的祈愿在栩栩如生地绵延舞动。

　　许多伊斯兰几何图案所展现出来的简明性和必然性使得人们误认为似乎可以不费吹灰之力就能辨认出它们。我们讨论过的那些没留下姓名的工匠们一定认为这些图案是先于世界就存在的，是先贤赐予那些可识之人的杰作。他们中有不少人一定都非常清楚"点线""几何"等概念如何用阿拉伯语字母（abjad）来呈现，并立志要让这超然的关联性在他们作品中璀璨生辉。

　　下图的图案是在保罗·马尚特（Paul Marchant）某个主题设计的变体基础上设计而成的，它是由十次对称图形的两个系列嫁接而成。在本书即将结束之际，它如此贴切地提醒我们：关于伊斯兰几何设计的探索永无止境！

THE
BEAUTY
● F
SCIENCE
科学之美

附 录
APPENDICES

简单图案示例
ONE-&TWO-PIECE ISLAMIC PATTERNS

本页和第054页所有的图案都仅用一两个不同形状的图形构造而成，它们都置于正方形网格或三角形网格之上。只要有方格纸或类似的纸就可以很容易地把它们画出来，或者只需要一两件绘图模板就可以完成，因此，很适合课堂教学。图中某些方形图案的顶点位于网格交点的正中；两幅弧形图案是用圆规在网格交点之上作弧，并使弧线穿过其他的点；色彩不拘于图中所示。

可无限延伸的拼图
AN INFINITE PUZZLE SET

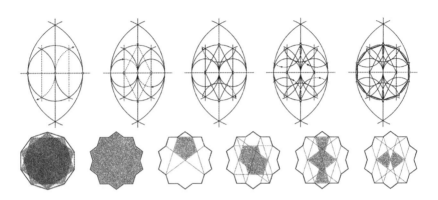

乌姆·艾尔格瑞（Umm al-Girih）图形是一系列图形的起始。了解这些图案的最佳途径就是制作拼图。根据上图的图示构造一个正十边形——第一个圆的半径以 2 英寸（1 英寸 =2.54 厘米）为宜。然后从这个十边形里派生出各种形状：星形、五角形、重合五角形、瓶形、风筝形等。用硬纸板或是薄塑料板将每个图形剪下来做成模型，就可以在彩纸上模制出所需数量的块状，做成一个拼图套装。这个拼图套装的规模仅局限于块状的数量，尤其是当你想尝试不同的颜色搭配、制作不完全协调图形或不规则碎片拼凑的图形时，可以动手试试。要制作上图所示的图案，再加上第 035 页的图案，就按块状上所示的数量裁制。为了得到规整的矩形轮廓，还需要 1/2 和 1/4 的块状。感兴趣的读者，或者整班的学生可以数一数第 056 页上所需各种块状的数量，不妨也尝试制作一下。这个图案取自印度阿格拉市伊蒂默德·阿尔道拉陵（timad al-Daula Mausoleum）。

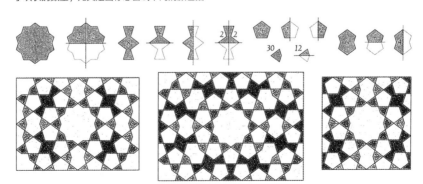

结构网格
USEFUL SUBGRIDS

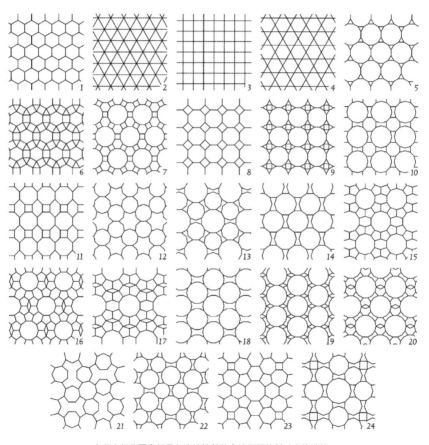

本书大部分图案都是在比较简单的多边形网格基础上构造的。

方形库法体
SQUARE KUFIC

在库法体演变而来的所有装饰体中，方形库法体是最具明显几何特征的，它网格严谨，笔画粗犷挺拔、棱角分明。字母文字的作用是记录语音，传递词、句和新的信息，更重要的是读者传达意义。但是方形库法体似乎将这种作用本末倒置。因为库法体任意弯曲、翻转、简化甚至完全改变原有的字形，所以很多阿拉伯读者都难以辨认。不过库法体主要用于书写广为人知的祷告词或名言佳句，而非传达新的信息或为子孙后代保存文本资料。简单的词句通常是在方形中旋转式重复（下图首行）。较长的词句则由外向内螺旋形排列（下图中行），并且通常从右下角起笔（下图底行）。

赞美归于真主

穆罕默德

阿力

安拉–穆罕默德–阿力

《古兰经》第 112 章 忠诚

《古兰经》第 1 章 开端

5   4   3   2   1

辫状边框
BRAIDED BORDERS

书籍中的伊斯兰装饰经常会出现烫金边框。这些边框一般是在卷首、章节，或是标题周围形成几何形状的区域，有时候也会用来裱帧整篇的文字，例如彩饰《古兰经》就是这样。辫状边框一般是绘制于蓝点和红点组成的简章的网格上。下图便是一些精选的边框样式，希望能为有志于书籍装裱工作的人员提供指引和参考。

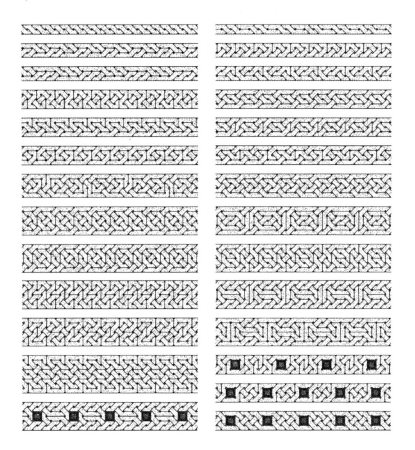